地理小天才

GUIHUA WEILAI

规划未来

〔英〕海伦·贝尔蒙 / 著   张勇 / 译

U0312390

APTIME
时代出版

时代出版传媒股份有限公司
安徽教育出版社

图书在版编目（CIP）数据

规划未来 /（英）海伦·贝尔蒙著；张勇译. —合肥：
安徽教育出版社，2013.8
（地理小天才丛书）
ISBN 978 - 7 - 5336 - 7660 - 5

Ⅰ.①规…　Ⅱ.①海…②张…　Ⅲ.①环境保护—少
儿读物　Ⅳ.①X—49

中国版本图书馆 CIP 数据核字（2013）第 183404 号

GEOGRAPHY SKILLS · PLANNING FOR A SUSTAINABLE FUTURE by Helen Belmont
Copyright © Franklin Watts 2006
All Rights Reserved.
First published in 2006 by Franklin Watts
Simplified Chinese rights arranged through CA—LINK International LLC
(www. ca—link. com)
中文简体字版由安徽教育出版社在中国大陆地区独家发行
安徽省政权局著作权合同登记号：图字 12121059 号

书名:**规划未来**　　　　　作者:海伦·贝尔蒙(著)　张勇(译)
GUIHUA WEILAI

出 版 人:郑　可　　　策划编辑:王　骏　　　责任编辑:王　骏
　　　　　　　　　　责任印制:何惠菊　　　装帧设计:吴亢宗

出版发行:时代出版传媒股份有限公司　http://www. press-mart. com
　　　　　安徽教育出版社　http://www. ahep. com. cn
　　　　　（合肥市繁华大道西路 398 号,邮编:230601）
　　　　　营销部电话:(0551)63683008,63683011,63683015
排　　版:安徽创艺彩色制版有限责任公司
印　　刷:安徽联众印务有限公司　电话:(0551)65661334
（如发现印装质量问题,影响阅读,请与印刷厂商联系调换）

开本:880×1230　1/16　　　印张:2.75　　　字数:70 千字
版次:2013 年 9 月第 1 版　　　2013 年 9 月第 1 次印刷

ISBN 978 - 7 - 5336 - 7660 - 5　　　　　定价:15.00 元

目　录

规划未来

地球上大约生活着 65 亿人。现在世界人口增长率为每年 1.14%，这意味着全球每小时大约有 9000 名婴儿出生。不断增加的人口加大了有限的资源的压力，其中包括食物、水和能源。既然地球的大小不能改变，那么我们为未来订立计划以避免耗尽资源就显得非常重要了。

人们在过度拥挤的火车站台上等待列车。将来可能会有更多的旅行者，我们该怎样避免这样的未来？

帮 助

在这本书里，帮助部分会给你提供有用的技巧与提示。

管理工作

我们每个人都是地球的主人，这意味着我们也是地球的保护者。为了子孙后代的幸福，我们应该关爱地球并让它保持一个良好的状态。为了达到这一目的，我们应当在日常生活中思考如何使用地球资源，如石油、金属、水和木材等。

国内和国际管理工作

各国政府工作人员应制定法律来保护环境，鼓励人们成为地球的好主人。这一做法同样应在世界范围内推行。

1992年第一届国际地球峰会在巴西里约热内卢举行。在此次以及之后的数次会议中，来自世界各地的代表讨论了地球的现状。他们都同意采取一系列措施来使地球保持健康状态，以应对污染可能造成的损害和自然资源的过度开发。

今天的人们必须为保持地球的健康状态而负责，即便他们还需要一定的鼓励。图中是巴西库里蒂巴市的市民用可回收废品来换取汽车票的场景。（参见第 27 页）

提 醒

当你在完成任务过程中看到这个标志时，一定要特别小心。

关键技能

在本书中，你能学到不同的技能。每种不同的技能都用下面的一种图标来表示：

 完成一项实践活动

 分析信息

 使用图表、地图和照片

 关注全球性问题

 研究信息

 仔细观察

什么是可持续发展？

可持续发展是指一种不伤害地球并能满足后代需求的生活方式。在里约热内卢地球峰会(参见第 3 页)和后来的会议中,政府首脑们讨论了各国应如何共同管理以谋求一个可持续发展的未来。

使用互联网

填写一份调查问卷

解释结果

获得良好的平衡

可持续发展可分成不同种类,分类依据为人们关于环境和可持续地利用地球资源的不同方式。可分为以下三种类型:

1）生态可持续——保护环境（包括野生动植物、自然景观和地球资源）,尽量避免污染和过度开发。

2）社会正义——确保人们拥有高质量的生活,这也要求人们有能力在不危及地球资源的前提下保持一定的生活质量。

3）经济福利——确保人们一定的生活质量,而不必过度使用地球资源并将地球置于危险境地。

为了达到可持续发展的目的,人们应努力实现以上所有三类。

长颈鹿生活在非洲平原上。保护自然环境是可持续发展的三类之一。

生态足迹

　　我们可以通过计算我们的生态足迹的大小来衡量我们的生活有多少可持续性。生态足迹指的是能够维持人们正常生活所需的具有生产力的陆地和海洋的面积，其中包括人们每天所需的食物、使用的产品、排放的废物和使用的能源。不同国家的生态足迹差异很大。比如，在英国每人的平均生态足迹为5.35全球公顷，而在莫桑比克每人的平均生态足迹是0.47全球公顷。今天地球上能为我们每个人提供的生态足迹仅有1.9全球公顷。

美国的一家发电站。我们都在使用电能和其他能源。我们使用了多少能源都反映在我们的生态足迹中。

测量你的生态足迹

　　测量你的生态足迹可以去 www.ecofoot.com，并点击首页上的"你的生态足迹"选项。你可能需要从父母、亲人或老师那里获取一些帮助以回答网站中的相关问题。算出你的生态足迹，然后好好考虑一下如何削减你的生态足迹。生态足迹数字越大就意味着你对地球的负面影响越大。

水——一种核心资源

水 是生命中必不可少的能源。我们生活的各个领域都需要用水：比如航运，在工业和农业生产中，在日常生活中用水清洗身体和衣物，以及饮用等。不幸的是，水资源并不是均匀地分布在世界各地，很多经济不发达的国家或地区没有干净的水源。因此我们应该如何制订计划以使将来每个人都能有洁净的饮用水？

健康教育

世界上一些地区的农民需要洪水来灌溉庄稼，但太大的洪水可能会导致死亡和破坏。在洪水来临时，饮用水可能会被污水和机油污染。在一些经常被洪水侵袭的国家，比如孟加拉国，政府和慈善援助机构致力于传授民众一些医疗保健知识。他们提供一些药片来净化少量的水，并挖掘一些水井来减少对饮用水的污染。

挖更多的井

像非洲马拉维这样的国家，降水量极少，这导致许多人为了满足家庭用水需要，每天花费将近三个小时去井边或河边挑水。这不仅是一项特别艰苦的工作，而且也使他们没有时间去做别的事。这是可持续的发展吗？当地政府和慈善机构正致力于在人们居住地附近挖掘更多的井。最近一家慈善机构挖了33口井来为马拉维各地村庄的10万人提供干净的水。

孟加拉国的水教育课程。孩子们将学会去哪里收集安全的水，以及在洪水过后应该做什么。

工程师在肯尼亚挖井。正如许多人所认为的那样,水井能够为村庄提供干净的水源。

关于水的调查问卷

　　你要做一份关于你的朋友和家人如何用水的调查问卷。首先起草一份类似于右表的调查问卷,然后将你的答案组织起来并用柱状图表示出来。找出用水最少的行为并鼓励人们节约用水。稍过一段时间再做一次问卷调查,看看你的答案发生了哪些变化。

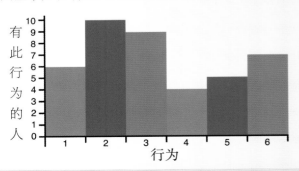

行为	是	否
1.当你刷牙时是否让水龙头一直开着?		
2.你洗淋浴吗?		
3.你洗盆浴吗?		
4.你使用软水管来清洗汽车吗?		
5.你用水桶和海绵来清洗汽车吗?		
6.你每次都用洗衣机的最大水量来洗衣服吗?		

河流规划

河流系统是水循环的一部分,将雨水从江河流域最终运送到海洋。人们用河流运送货物,灌溉庄稼,建造水库以便将淡水转化成饮用水,并进行水力发电。地理学家经常被邀请参与制订管理河流的规划。

关键技能

写一份报告

寻找全球性问题

分析信息

使用互联网

调查河流利用

有些河流流量非常大,为整个国家提供生命之水。在地图上寻找埃及的尼罗河,看看它的大小和长度。使用互联网络来了解这条河流对埃及人民来说有多重要。了解阿斯旺水坝以及它对尼罗河和周边地区的影响。

利用泛滥平原

河流两岸的平坦土地被称为泛滥平原。当河流发洪水时,河水中携带的肥沃的沉积物(淤泥)被留在泛滥平原上,这使土地非常肥沃(有益于农作物种植)。此外,由于这里土地很平坦,也是建造房屋和工厂的理想用地。

为了利用更多的土地,农民和土地开发商经常排干一些泛滥平原,并更改河道,以使它更安全和更易利用。有些地方会建造大堤来防止河流泛滥。水坝和护栏也有助于阻挡洪水。这些变化同样具有一些不受欢迎的副作用。这些建筑工程会改变河流中的野生动植物的自然生活状态,有些种类的动植物可能会逐渐从该地区消失。河流的沉积物也会淤积在大坝和壁垒后面,无法流到泛滥平原上,因此河流带来的富有营养的泥土无法使这块土地肥沃起来。

整体规划

虽然传统的河流规划在很多地方沿用,但将来的发展趋势应是河流的整体规划。这意味着要为整条河流考虑一整年的事情,而不是为某个地方考虑几个月的事情。

研究报告

丹麦的布雷达河是一个用来展现未来如何对河流进行整体管理的很好的例子。为了创造更多农田，布雷达河已被"拉"直。使用互联网找出今天布雷达河是如何管理的，然后写一篇关于它的报告。你的报告应包括过去和现在布雷达河的管理状况。

帮助

登录www.therrc.co.uk/projects/brede.htm，帮助你完成关于丹麦布雷达河的研究报告。

埃及尼罗河两岸的泛滥平原上的农田和建筑。尼罗河的洪水泛滥将肥沃的沉积物冲到土地上。但是当尼罗河被大坝调控后，洪水很少出现，农民们被迫使用更多的化肥。

海岸防御

海水和风化不断侵蚀着悬崖,沉积岩的碎片落到下面的海滩上。一段时间之后,岩石碎裂成更小的碎片,比如卵石,并最终变成了沙子。许多沿海地区得到不同的工程项目的保护,人们希望这些措施能在未来保护海岸线。

硬工程

房子或农场在海边的人们希望能保护海岸线免受侵蚀。如果不采取措施,土地最终会被冲进海洋。但是用于减少侵蚀的海堤、防波堤、护面块石和其他类型的坚固工事在某一个区域建造,往往会给沿海岸线的其他地区带来麻烦。如果沿海的某些地区受到保护,侵蚀所产生的沙子的数量会减少。这意味着沿海岸线的海滩会变得狭窄,而狭窄的海滩不能有效地阻止波浪,所以在建造海防工程的地区侵蚀实际上会加速。

海滩示意图

观察下图中的防波堤,了解防波堤对海岸的其他作用。画一幅正遭受侵蚀的海滩的示意图,比如美国佛罗里达州的彭萨克拉海滩。你会采纳哪种方案来保护海岸?考虑一下软工程(右图)。你会用它来取代硬工程方案吗?

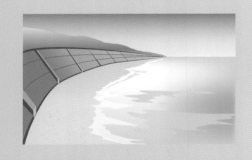

海堤

海堤一般用混凝土浇筑,它能保护海堤后面的土地免受侵蚀。海堤的修建成本高而且只能保护海堤延伸范围内的土地,它本身最终也会被海水侵蚀。

防波堤

防波堤一般是木制的,从海岸伸入大海。它有助于海滩泥沙的堆积,以避免海浪侵蚀海岸线,但其保养费用很昂贵。

护面块石

护面块石是由巨石或成块的混凝土组成,它减弱了波浪的影响,减缓了土地的侵蚀速度。但缺点是很难找到合适的巨石,也很难将它们运送过来。

红树的根能够稳固土壤，防止土壤
被海浪冲走。

软工程

许多人认为硬工程方案不是一个可持续性的解决办法。海岸线需要采用其他方案来进行保护，比如软工程方案。一种方法是不修建任何海洋防护工程，让海岸线顺其自然地变化，甚至在某些地区将已有的海洋防护设施拆除，并限制海岸附近的建筑开发。这一政策被称为"战略撤退"，主要通过实行严格的规划条例来鼓励人们撤离受到侵蚀威胁的海岸区域。

另一种方法是使用大自然提供的天然海洋防御工具。在泰国、菲律宾和澳大利亚北部的海岸线上，为了发展旅游业曾大量砍伐红树林以增加海滩面积。红树林能够吸收80%的暴风浪的能量，因此当它们被砍掉后，海岸地区更容易受到侵蚀和洪水的威胁。目前有些海岸线正在重新种植红树林，商业公司停止砍伐树木。这是一种可持续发展的规划，树木可以自然地保护海岸线，并且不会带来任何副作用。

未来的森林

森林对地球和人类的健康至关重要。树木覆盖了地球上五分之一的陆地，并通过吸收二氧化碳、释放氧气来调节地球大气层中的气体含量。树根能够防止土壤流失，落叶和树枝腐烂后会让土壤更肥沃，从而利于植物生长。森林还为所有的野生动植物提供了丰富的栖息地。

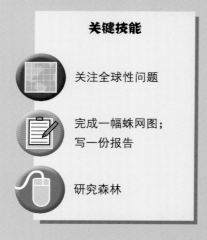

关键技能

关注全球性问题

完成一幅蛛网图；
写一份报告

研究森林

森林的类型

世界上有很多不同类型的森林，使用互联网和参考书来更多地了解这张地图上显示的各种森林。了解一下哪种气候下会出现哪种类型的森林，其中的树木是什么样的——比如热带雨林中的树木有高高的树干，巨大的板状根和繁茂的冠层叶。

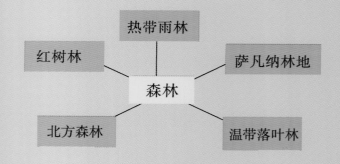

如上图所示，你可以用蛛网图来展示信息。

这幅地图展示了目前世界上主要森林的位置。

红树林
北方森林
热带雨林
萨凡纳林地
温带落叶林

伐木业是全球森林破坏的主要原因。

帮 助

在archive.greenpeace.org/comms/cbio/brazil.html中查看存档文件,并在你的热带雨林报告中使用其中的一些信息(参见下文)。

采伐森林

当人类砍倒树木的时候,人类的活动就慢慢导致了世界范围内的森林破坏。在南美洲,每秒钟就有足球场大小的热带雨林被砍掉。人们用木头作为建筑材料、制造家具,并燃烧木头来取暖和烹调。有时树木被砍倒,是为了给农田或新的居住区腾出空地。树木的减少同样意味着这个地区动物和植物的减少。

可持续林业

很多人正致力于在世界范围内倡导良好的森林管理,他们补种森林并保护其不受外界影响。这种做法被称为可持续林业,用这种方式种植出的木材往往被标注特定的标志,如FSC(森林管理委员会)标志。请鼓励你的家人只购买带有这种标志的木头和木制家具。

在巴西的阿克里州,政府已将一项计划付诸实施,它将使人们可以利用森林资源并永远不会失去森林。哪里的树木被砍掉,农民必须在那里种植多种其他树木。有些树木生长迅速,如香蕉树;有些树木生长较缓慢,如苹果树和红木。政府知道无法阻止所有的森林砍伐,所以仍允许在特定地区砍伐树木。政府还要求伐木公司种植新的树木来填补被砍伐的区域。这种方法能保证未来地球上仍然有森林。

热带雨林写作

准备一篇关于巴西和其热带雨林的扩展性的文章,讨论一下人们必须实施的利用和保护热带雨林的各种计划,并了解一下哪些种类的树木需求量高,哪些种类的动植物濒临灭绝。

如何使用能源

想想迄今为止你的一天的生活。你是否打开了灯、听收音机、走路到学校？所有这些活动都需要能源来支持。食物可以为你走到学校提供能量，而发电站燃烧化石燃料可以产生电能，并为你家里的收音机和电灯供电。

日本东京市中心的灯光。当化石燃料耗尽后，未来的人们就得寻找其他能源。

非再生能源

今天我们用于发动汽车、房屋保温、烹调食物及运转机器的大多数能量都来自化石燃料等非再生能源。煤炭、石油、天然气都是化石燃料，由几百万年前的植物化石和动物化石形成。人们正在快速消耗化石燃料，最终它们会被耗尽。化石燃料燃烧时也会产生污染，污染会侵害在地面生活的人们的肺部，也会打破地球保护层中的气体平衡。（参见第16-17页）

可再生能源

有些人认为可再生能源能满足我们未来的能源需求。可再生能源永远不会耗尽，因为它利用太阳（太阳能）、风（风能）、水（水力发电）和植物（沼气）来发电。太阳能电池板吸收来自于太阳的热能，用这种能量加热水并发电。风能是由位于空地上的风力发电机产生的。水力发电是通过在河流上建造大坝，用拦截下来的水冲击一个巨大的轮子来发电。沼气，也叫做发酵气体，是由包括粪肥、废水、污泥、城市固体废物或任何其他可生物降解的材料在内的有机物发酵而成的气体。虽然可再生能源不会造成污染，但它也可能造成其他的问题。比如，为了建造水力发电工程，土地会被淹没并建成水库，以便在水还没有流入水力发电机之前进行储存。这里的人们因此永远地失去了家园和土地。少部分的

德国莱茵河上的一座水力发电大坝。

人反对建造风力发电厂，因为风力发电厂经常坐落于自然景观优美的区域。

利用互联网来寻找一个创造可再生能源的水利工程，比如莱索托高地水利工程。以网站www.lhwp.org.ls作为出发点，找出这个工程在哪里，它有哪些功效，它对当地生态环境有什么影响，它如何为可持续发展的未来而运转。然后运用你的信息通讯技术（ICT）技能，设计一份传单来向人们介绍这个工程。

气候变化

气候指的是我们所经历的较长一段时期内的平均天气状况。科学家告诉我们在地球的漫长历史中气候变化一直存在，天气记录显示有些年代比其他年代要热一些。当今与以往不同的是气候变化的速度，并伴随着世界各地更多的极端天气类型。

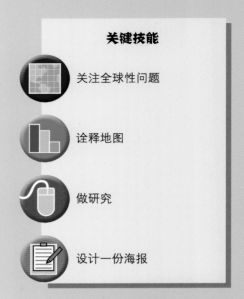

关键技能

- 关注全球性问题
- 诠释地图
- 做研究
- 设计一份海报

全球变暖

很多科学家认为世界气候发生变化的主要原因是人类活动打破了地球大气层中二氧化碳含量的平衡。大气层形成了地球周围的保护层，屏蔽来自太阳的有害射线，同时允许太阳的热能抵达地球。大气层中包括二氧化碳（CO_2）在内的某些气体达到一定浓度，能阻止过剩的热能逃逸到太空中。逐渐地，这个被称为温室效应的自然过程，由于大气层中的污染物而导致全球温度更快地上升。地球温度的变化，伴随着海平面的上升，对低地国家、沿海地区和海洋栖息地将会有毁灭性的影响。

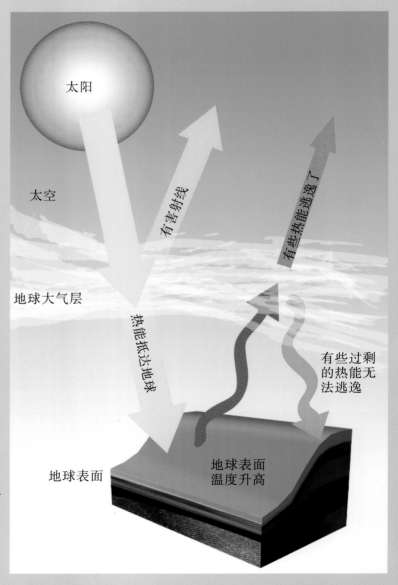

太阳

太空

有害射线

有些热能逃逸了

地球大气层

热能抵达地球

有些过剩的热能无法逃逸

地球表面

地球表面温度升高

这张图展示了地球表面温度是如何升高的。很多科学家认为工厂和汽车的排放物等正在加速这一进程。

我们应当做什么？

从国际层面上看，世界各国领袖已经屡次会面，来讨论如何减慢气候变化的速度。在1995年日本京都的一次会议上，一些政府赞同只有经济发达国家（MEDC）应该降低二氧化碳的排放量，而经济不发达国家（LEDC）不需要降低他们的二氧化碳排放量，因为他们的排放量比较低。自1995年起，有些发展中国家如印度和中国，经济快速发展，导致其二氧化碳排放量大幅增加。今天国际社会认为这些国家也应当减少二氧化碳排放量。另外，美国拒绝签署京都协议，尽管其二氧化碳排放量很高。所以现在仍然有大量的二氧化碳被排放到我们的大气层中。

看下面的地图，了解一下哪些国家的二氧化碳排放量最高。它们是经济发达国家，还是经济不发达国家？你认为这是什么原因造成的？

这张图展示了每个国家不同的二氧化碳排放水平，绿色代表这些国家的二氧化碳排放量最高。

1,000,000+
300,000-1,000,000
100,000-300,000
50,000-100,000
20,000-50,000
5,000-20,000
1,000-5,000
-1,000

个 人 能 源 计 划

我们都可以在日常生活中采取一些行动来减少气候的变化。只要记得关灯，让你的父母使用节能灯泡，多穿衣服而不是开暖气，关闭电视机或电脑而不是让它们待机，每年就能够节约大量的能源。这也能减少电费！登陆www.globalactionplan.org.uk可以找到更多的节约能源的办法。请看一下该网站的儿童区，然后运用你学到的新知识来制定你自己的节能计划。你也可以设计一份引人注目的海报来鼓励别人降低能源消耗，从而延缓气候的变化。要问清楚你能否在学校里展示你的海报。

地震

地震是地球上破坏性最强的自然灾害之一。地震一般发生在地球的某一板块（板块构成地球的地壳）向另外一个板块滑动时被卡住的地方。地表以下的压力不断积聚，直到这个板块滑开，这会引起地面的剧烈波动，也就是地震。地震会造成人员伤亡和建筑物的破坏，其严重程度取决于有多少人住在该地区、地震的强度和当地的经济发展水平。

关键技能

 做研究

 写一份报告；做比较

 观察照片

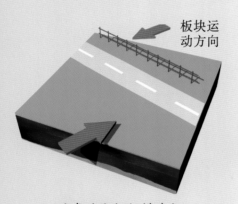

这条路和栅栏横跨断层线，地球的两个板块在交错滑动。

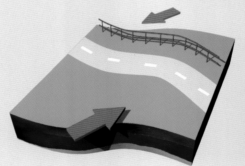

随着时间的推移，板块移动但沿着断层线被卡住了。地下的压力不断积聚。

突然，当板块相互滑开，地下能量得到释放。地下的这个点叫做震源（红色圆点）。板块运动向各个方向释放出冲击波，也叫做地震波。震中（黄色圆点）在震源的地表正上方，震中往往是遭受破坏最严重的地方。

旧金山的故事

1906年美国旧金山发生了一次地震，几乎摧毁了整个城市。差不多3000人在这次地震中丧生，超过半数的居民（大约22.5万人）无家可归。经过好几天的时间，人们才将由地震引发的全城大火扑灭。然而1989年这里发生的又一次强烈地震，仅造成63人死亡，3500人受伤，10万座建筑物受损。

研究和报告

登陆旧金山市虚拟博物馆网站 www.sfmuseum.org，阅读1906年和1989年的地震报告，并看一下记录地震毁坏状况的照片。运用其中的一些信息写一篇报告，来比较这两次地震，着重突出城市规划对于减少地震伤亡的作用。

人们能在地震中免受伤害吗？

人们可以采取一些预防措施，但没有什么能完全保证人们在地震中的安全。像日本和美国这样的经济发达国家，在已知的地震带上建造的所有新建筑物和道路必须遵循严格的抗震标准。这些建筑能吸收一些地震的能量。在已知地震带生活的人们被建议在家里准备一个地震应急包，其中包括一个急救药箱、罐头食品和用电池供电的收音机。在日本，人们接受地震应急训练，以减少地震时的恐慌和伤亡。经济发达国家为了能够预测地震，花费了大量资金在地震带上安装最新的检测仪器。

在经济不发达国家，建筑物的抗震建造标准通常比较

1989年发生在旧金山的地震的后果。安全计划挽救了很多人的生命。

帮 助

地震强度是通过叫做地震仪的机器来测定的。它可以生成一个图表来显示地球运动的强度。这一强度是通过里氏震级来分等级的，数字越大表示强度越大。

低，所以在地震中它们更有可能倒塌。紧急救援服务往往很难立刻做出反应，援助物资要花数天甚至数周的时间才能到达偏远地区。可用的救援资金匮乏，也使得重建损毁建筑物、修复道路和铁路的时间更长。

2005年巴基斯坦地震

研究一下2005年发生在巴基斯坦的地震，将其与你收集到的1989年旧金山地震的信息进行比较。打开 news.bbc.co.uk/1/hi/world/south_asia/4324534.stm网页，并阅读已存档的新闻报道。

节约，再利用，回收

我们每天丢掉的很多物品都能被再利用或回收。回收是指将玻璃、纸或金属等材料进行加工处理，使其能够被再次使用。再利用某个产品意味着为它找到再次使用的机会，或者为它找到一位新主人。

回收

回收产品减少了对原材料的需求，同时能减少浪费。美国纽约市每天产生3.4万吨垃圾，其中50%是可回收的纸张。所有这些废弃物需要被处理以保持城市整洁。有些废弃物在焚化炉中被烧掉；有些被埋在垃圾填埋场。像纸或玻璃这样的材料一旦被这样处理，就永远消失了。通过回收纸和玻璃制品，其中包含的原材料就能继续被使用。

每回收一吨纸就能阻止17棵树被砍伐，能节约4100千瓦的电能——足够一个普通家庭供暖6个月。

作为当地回收计划的一部分，这些纸张从家庭中收集而来。

个人行动计划

我们可以采取很多办法来节约、再利用或回收材料，以节约资源或减轻垃圾填埋场的压力。下列办法可供参考：

• 把纸、硬纸板、玻璃、塑料、纺织品和金属与其他的家庭垃圾分开。了解这些物品是否可以从每家每户收集，或者建议你的父母或监护人将它们送到回收采集点去。

• 如果你家有一个花园，可以让你的父母或监护人建立一个堆肥点，用它来收集蔬菜外皮和花园废弃物。最终它们会转化成可以改善土质的肥料。

• 如果你住在平房里，可以请一名成年人在排水管下安装一个集雨桶来收集雨水。利用这些雨水灌溉你的花园可以节约用水。

• 购买包装最简单的食品和产品，这样你就不必扔很多垃圾。

• 每次去超市购物时自带购物袋,这比每次都用新袋子要好。

• 出去购物时,尽可能地购买再生纸制品,比如信封和信纸。

• 把不想要的家居用品、书籍和衣服捐给慈善机构或放入收集点。这样它们还可以被别人再次使用。

• 手机、打印机墨盒甚至自行车都可以回收利用或让人修好。到网站 www.oxfam.org.uk/what_you_can_do/recycle 上去看看英国人是怎么做的。

回收调查

做一份和下图一样的表格，列举十种家庭废弃物，然后调查十个人，看看他们平时如何处理这些废弃物。他们是将这些废弃物扔进垃圾箱，还是再利用或回收？

用饼状图展示你的数据，展示出被装进垃圾箱的废弃物的比例与再利用、回收的废弃物的比例,你的饼状图看起来可能像这样：

废弃物	垃圾箱	回收/再利用
苹果核与苹果皮		
空的果汁纸箱		
旧手机		
旧T恤		
空的玻璃瓶		

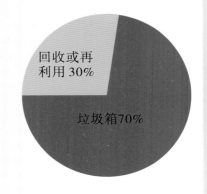

回收或再利用 30%

垃圾箱70%

人口过剩

每个国家都拥有资源,如土壤、水和矿产等,这些资源供养了生活在这里的人们。在人口数量多或增长速度快的国家,因为没有足够的人均资源,很多人会处于较低的生活水平,甚至受到饥饿的威胁。政府会制订计划来解决本国的人口过剩问题。

关键技能

 看一下人口金字塔

 诠释信息

 比较不同的政策

聚焦中国

20世纪中国的人口以惊人的速度增长。1979年中国政府宣布了计划生育政策以降低人口出生率。这意味着依照法律,一对夫妇只能有一个孩子。这个孩子可以享受社会福利,比如免费教育和医疗保健等。看一下1990年和2006年的中国人口金字塔,预测一下2050年的中国人口金字塔会是什么样子。计划生育政策对于中国人口增长起到了什么作用?

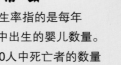

帮助

人口出生率指的是每年每1000人中出生的婴儿数量。每年每1000人中死亡者的数量被称为死亡率。

中国 1990

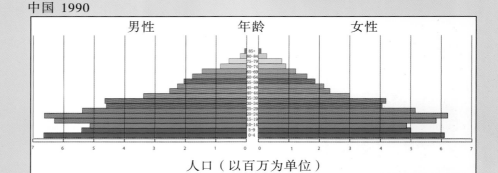

人口(以百万为单位)

中国 2006

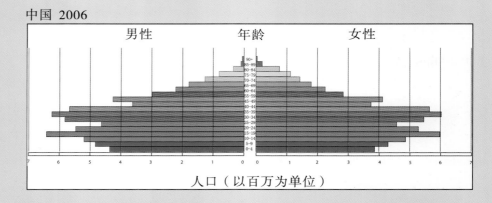

人口(以百万为单位)

聚焦印度南部

在印度南部的喀拉拉邦，当地政府认为教育是降低人口出生率的最好办法。在这里，法律规定妇女和女孩都必须上学，这使她们在离开学校后能找到更好的工作。女孩接受性教育，以帮助她们规划未来的家庭生活。

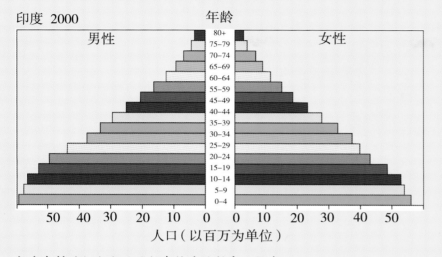

印度 2000 年龄

人口（以百万为单位）

印度农村的妇女和孩子们在接受性教育。很多人相信教育将有助于控制未来的人口出生率。

自从这个计划实施以来，2800个村庄已经形成了互助组或社团组织。这些互助组开办幼儿园、成人扫盲班，进行福利服务并开展提高妇女地位的活动。所有这些活动都从积极的方面鼓励妇女少生孩子。现在喀拉拉邦已经不再是一个人口过剩的地方了。

了解以上两种政策，你认为它们在控制人口方面各有什么优缺点？

人口不足

人口不足的情形出现在出生率正在下降的国家,这些国家的人口越来越少,并且老人所占的人口比例越来越高。有些国家,如意大利、日本和俄罗斯都在担心将来他们没有足够的劳动力来维持国家的正常运转。

在未来 30 年内,很多经济发达国家的人口会发生变化。日本人会在年纪较大时才要孩子或根本不要孩子。

关键技能

 关注全球性问题

 使用互联网

 诠释信息

 观察人口金字塔

为什么人口出生率不同？

有些国家如日本的生活费用非常高。一对年青的夫妻支付了房租、水电费及日常开销之后，会觉得自己只能承担抚养一个孩子的费用，甚至一个都养不起。值得一提的是，有些妇女决定不要孩子，因为她们很享受自己的职业生涯，以及由此带来的生活方式。另外，医学的进步和更好的生活水平也意味着很多人比过去的寿命更长，这会导致人口老龄化。

帮 助

人口金字塔也能展示出人口的平均寿命。由于人们的寿命更长，很多国家的人口金字塔看起来会像个正方形。

为后代规划

有些国家已经实施了一些减少人口的措施，而有些国家正在寻找增加人口的方法。比如，英国、新西兰和澳大利亚当局鼓励经济移民来填补因本国人口出生率过低而导致的工作缺口。如果一个国家没有足够的教师和医生，那么其他国家的教师和医生会得到该国的工作许可并被鼓励移民。不是所有的人都赞同这一政策，因为这会导致原籍国教师和医生越来越少。这个过程被称为人才外流。在俄罗斯，政府尝试了不同的方法，积极鼓励妇女多生孩子，并为她们提供奖金和荣誉。

对比人口金字塔

到网站http://www.census.gov/ipc/www/idbpyr.html上找到你所在国家的人口金字塔，然后看下图中日本的人口金字塔。

未来30年里日本将面临哪些挑战？这些挑战与你的国家即将面临的挑战相比有何不同？人们的退休年龄是否应该延长？这些人口金字塔和中国、印度的人口金字塔相比有什么区别（见第22-23页）？

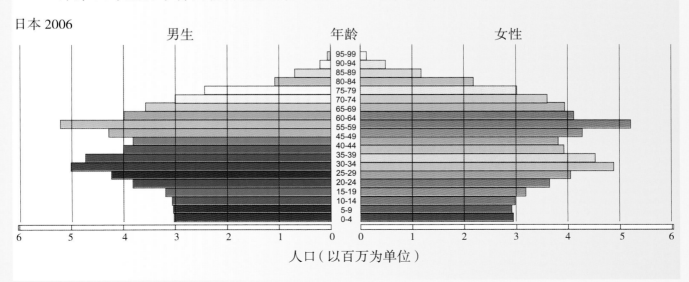

日本 2006

男生　　　　　年龄　　　　　女性

95-99 / 90-94 / 85-89 / 80-84 / 75-79 / 70-74 / 65-69 / 60-64 / 55-59 / 50-54 / 45-49 / 40-44 / 35-39 / 30-34 / 25-29 / 20-24 / 15-19 / 10-14 / 5-9 / 0-4

6　5　4　3　2　1　0　　0　1　2　3　4　5　6

人口（以百万为单位）

未来的居民区

人们居住的地方被称为居民区。居民区可按照一定的层级组织起来，底层是小村庄，最高层是大城市。随着乡村的发展，人们迁居到更大的居民区以谋求工作机会，或提高其生活水平。但是有些城市发展太快，会导致一些较穷的人生活在低劣房屋中，并享受不到很多服务。

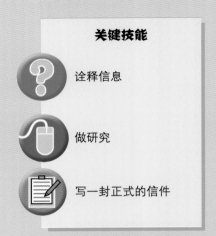

关键技能

? 诠释信息

做研究

写一封正式的信件

居民区可以按照其重要性大小来排成一个层级结构。城市的数量最少，因此它们位于金字塔的顶端。

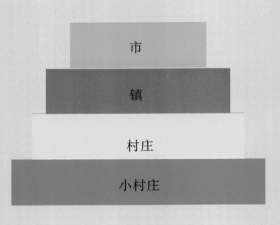

市

镇

村庄

小村庄

大富豪城市

　　大富豪城市是指居民超过100万人的居民区。世界上有280多个大富豪城市。当这些城市继续发展并延伸到周围的乡村地区时，就会引起规划者的担忧。有些城市，比如墨西哥城、洛杉矶和东京有超过1000万的居民，它们有一个特定的称谓——巨型城市。有一些美国东海岸的大城市，已经互相延伸交错，从波士顿到华盛顿特区形成了一个巨大的城市群。这个巨大的城区被称作波士华地区。

城市难题

　　当城市快速发展时，总会出现一些难题。在墨西哥城，住宅数量不能满足人口的不断增长，所以人们被迫用他们能找到的各种材料来建造自己的家。这些脏乱的住宅聚集在生活水平非常低下的贫民窟。墨西哥城同样有严重的交通拥堵问题，并导致了恶劣的空气质量和城市居民的出行不便。另外每天全城会产生1.1万吨垃圾，但是只有收集处理0.9万吨垃圾的能力，所以很多垃圾仍被留在街道上。

可持续发展

为了当前的城市居民和未来的后代,有些国家正在寻求既能让城市发展而又不破坏环境的办法。例如在英国,城镇规划师已经在很多城镇周边创建了绿化带,如森林和公园,来抑制城市的发展并保护绿地。这些绿地上的建设项目受到了严格的限制。

可 持 续 发 展 的 城 市

巴西的库里蒂巴被认为是世界上最具可持续发展能力的城市之一。很多居住在那里的人都很喜欢他们的城市。

市长杰米·勒纳是这个城市成功的主要原因。他和其他市政官员喜欢通过倾听民众的意见来解决问题,同时他们从小处入手,从实用角度来解决问题。他们解决垃圾问题的方式是政府为穷人带到回收中心的每一袋垃圾付费;交通拥堵问题则通过在许多地区限制汽车通行,并在这些地区重新种植花草来解决。有些交通路线被规划为单行道,以空出公交专用道。这些公交车经过公寓大楼,以鼓励居民乘坐公共交通工具而不是自己开车。贫

民窟仍然存在,市政部门为这里的单身母亲提供了一些低收入的工作,同时建筑师也设计了一些他们能负担得起的小户型房子。

行 动 计 划

以库里蒂巴市作为典型,你能想到墨西哥城的政府官员应采取哪些方法来提高其现有居民和未来居民的生活水平?准备一份给墨西哥城的政府官员的信件草稿,详述你的发现。记住在你的信中要使用正式的语体。

像许多大城市一样,墨西哥城发展迅速,目前正面临着与交通过度拥挤和污染相关的问题。

帮 助

作为联合国城市项目的一部分,在网站www.un.org/cyberschoolbus/habitat/index.aspp可了解更多关于城市的内容。

公平贸易

如果世界上所有的国家都自产自销,那么每个国家的人民就不会有种类丰富的东西可购买或食用,并且每个国家也不会非常富有。为了解决这个问题,国家之间相互进行贸易往来,他们出售(出口)本国种植或制造的东西,然后购买(进口)本国不能种植或制造的东西。

关键技能

完成一项调查

诠释信息

使用互联网

画柱状图

不公平的贸易

虽然贸易可以促进经济增长和人们就业,但很多交易对商品的生产者来说并不公平。例如,由于经济发达国家的消费者需要廉价的衣服,服装公司需要高额利润,因此很多衣服都是在经济不发达国家的"血汗工厂"里制造的,在那里人们为了获得微薄的报酬而工作很长时间。很多食品也生产于农民或农场工人获得最低酬劳的地方。由于缺乏其他工作机会,很多家庭被迫在贫困中挣扎,并且往往无力承担孩子的教育费用。

一名加纳工人在公平贸易农场倾倒可可豆。

进行公平贸易

这个问题的解决办法是鼓励公平贸易。公平贸易是指支付给生产者一个合理的产品价格，不管它是香蕉、可可豆还是棉花。另外，买方支付"社会溢价"——额外的一笔钱——它将被用于生产者的社区来改善医疗、教育和服务条件。长期商业关系在生产者和购买者之间建立起来，农民们可以借此知道他们的产品在一个公平、固定的价格上的市场需求。有很多公平交易的成功例子，例如德伯巧克力是由西非加纳联营合作社的农民种植的可可做成的。

帮助

访问www.dubble.co.uk，了解德伯巧克力以及蒂凡思公司的巧克力公平贸易和公平贸易代表团的更多信息。

食物公平贸易行动计划

你可能已经注意到商店里一些食物包装袋上的公平贸易标志。你可以在网站www.fairtrade.org.uk上看到这个标志，并进一步了解公平贸易产品。你可以通过购买有这种标志的食物，来帮助改善经济不发达国家的农民的生活条件。有时公平贸易食物比非公平贸易食物更贵，不过请记住这种食物价格中有很大的一部分会让原产地种植作物的农民受益。很多不同的食物都有这个标志，比如香蕉、巧克力、糖、葡萄干和蜂蜜。

完成一项调查，看看一组十个人购买了多少公平贸易商品。你可以仿照下图做一个表格，也可以添加其他商品。

公平贸易商品	购买这种商品的人数
香蕉	
咖啡	
糖	
葡萄干	
巧克力	

使用你收集到的数据，画一幅有下列轴线的柱状图。

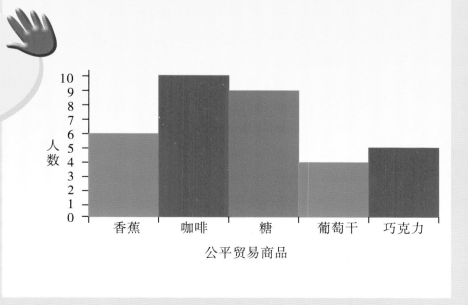

城市交通

当经济发展、人们变得更加富裕的时候,对交通的要求也会变得更高。很多道路变得拥挤,并且空气质量恶化。世界上很多主要的城市,比如墨西哥城、伦敦、东京、巴黎和上海,都出现了这个问题。

乘坐地铁

一个解决办法是在地下修造更多的公路和铁路。开发者相信这能够减轻地面的交通拥堵,并改善空气质量。美国波士顿市最近开始了一项叫做"大挖"的巨大的地下道路项目,来缓解交通拥堵的状况。很多人认为更多的道路只会鼓励更大的交通流量,而且修造公路不是一个可持续发展的解决办法。包括纽约和巴黎在内的很多城市都有地铁系统,这是有效的运送大量人员的方式。地铁建造费用昂贵,但它为未来的城市交通提供了一个好的选择。

美国波士顿被称为"大挖"的地下道路网的一部分。开发者希望能将一部分地上的交通流量转移到地下。

乘坐公交车

一辆公交车会占据三辆轿车大小的空间，但它可以运送40名以上的乘客。如果更多的人乘坐公交车，那么路上的汽车数量就会减少。然而，当人们经历了因交通拥堵而导致的缓慢的公交车旅程后，会更倾向于通过开车来掌控自己的旅行。为了解决这个问题，很多城市开辟了公交车专用车道。公交车使用特定车道来避开交通拥堵，并提供一个相对于个人自驾行的更好选择。

公交车专用车道能鼓励人们乘坐公交车，但是其价格必须是人们可以负担的。在德国的不莱梅市，公交车的车票价格得到了政府的补贴，使其更加便宜。同时，在伦敦等一些城市，通过征收塞车税，即进入市中心必须交纳的费用，使进入市中心的汽车数量大大减少了。

澳大利亚悉尼的轨道列车是为了减轻交通拥堵而修建的众多交通方案之一。

做一次交通调查

找一位朋友一起在你们当地计划并展开一次交通调查，对比一下有多少人乘坐公交车，有多少人使用私家车。选择调查的位置——可以在红绿灯前或在交叉路口，确定你站在一个安全的区域并能清楚地看到交通情况。一个人数一下身边经过的公交车和轿车数量，另一个人记录每一辆车中有多少人（你可以大致估算一下公交车里的人数）。将统计结果填写在类似下图的表格中。

哪种交通方式更受欢迎？用你的调查数据画饼状图，第一张饼状图对比一下公路上的汽车数量，第二张饼状图对比一下旅行的人数。关于这两种不同的交通工具，你的研究结果说明了什么？

	车辆数量	人数
私家车		
公交车		

发展其他交通方式

澳大利亚悉尼当局已经开发了一种轨道列车，它能在现有道路的上方运送乘客。在英国的曼彻斯特和美国的旧金山，开发的有轨电车网络能沿着固定的路线运送乘客。

控制旅游业

旅游业是发展最快的行业,它给人们提供了很多工作机会。它在世界范围内雇佣了大约 10% 的适龄工作人口,尽管其中很多工作是低薪的和兼职的。有时太多的游客会给景区带来一些问题,乘坐飞机或汽车的长途旅行也会导致污染。为了子孙后代能在地球上继续生存,我们必须制定可持续发展的规划。

关键技能

 设计一家旅馆;画一张示意图

 做研究

 诠释信息

在西班牙的马略卡岛,游客们挤满了整个海滩。越来越多的人能付得起出国度假的费用。

公平旅游

公平旅游是指旅游业在发展过程中关心员工并尽可能多地利用本地资源和服务。南非开普敦的背包客栈就是这样一个完美的范例。旅馆的利润和整个社区分享，比如旅馆建立了一个托儿所，当孩子的父母工作时，小孩可以进入托儿所。旅馆尽可能多地从当地农民手中购买食物，当地人被旅馆雇佣并参与到旅馆的运营中来。当地的艺术家也在旅馆中展览并出售他们的作品。最终，当地人受益于旅游业并得到公平的对待。

这个小屋是南非生态旅游项目的一部分。

生态旅游

生态旅游的目标是以可持续发展的方式保护当地的环境和文化，并促进资本增值和为当地人创造工作机会。

2003年厄瓜多尔的彼德拉布兰卡社区决定通过发展生态旅游项目来改善他们的经济状况。游客住在村庄里，并向村民支付住宿费。当地的导游经过全面的训练，并轮流接待游客，这让所有的导游都有机会赚到钱。这里有严格的规定来保护当地的文化，比如游客们必须穿适当的衣服并遵守森林的规则。村民们赚到的钱能让他们实施本土保护和重新造林的计划。

你能做什么？

乘飞机是到达你的度假目的地的一种快捷方式。然而，飞机是巨大的污染制造者，乘飞机会增加你的"生态足迹"(参见第5页)。当你去度假时，记得尽可能吃当地的食物，并参加公平旅游或生态旅游项目。

设计一家旅馆

使用互联网和你迄今为止所了解的信息来设计一家环保的旅馆。在你设计旅馆前，请先思考以下问题：

- 将用什么样的材料来建造旅馆？
- 将在旅馆中使用哪一类能源？
- 谁来管理旅馆？
- 旅馆的收益将如何使用？
- 食物从何而来？

一旦你做出了决定，画一幅示意图来标出这座旅馆的可持续发展特征。

我们的食物

四十年前，大部分人的日常饮食是由当地种植和出售的食物构成。今天有些食物通过空运或海运的方式从千里之外运送到我们的商店，这会造成环境问题。在某些情况下，食物资源的利用方式是不可持续的。例如，在某一片海域过度捕捞会导致鱼群数量降低，以至于将来没有足够的鱼类供人食用。

关键技能

 记食物日记

 观察食物的标签

货物从飞机上卸下来。食物从世界各地运送到我们的商店。

对鱼类的大量需求意味着将来的配额可能会大大减少。

食物运输

运输食物对气候变化有一定影响,因为飞机和卡车都需要化石燃料来发动。人们正在计算食物从产地运输到商店的距离。例如,新西兰产的苹果要运输差不多36700公里才能到达英国的商店,而本地产的品种可能只需要运输几公里。食用本地产的当季食物能够大大缩减这一距离。

捕鱼限额和海洋保护区

为了防止过度捕捞,捕鱼限额限定了每年在特定海域可以捕捞的鱼类数量。另一个办法是设立海洋保护区。这种方法已经在澳大利亚附近海域成功实施。在海洋保护区小鱼可以长到足够大的尺寸然后被放出去。通过这种方式,总有新的鱼群正在成长以适应未来的需要。

可持续发展的农业

第二次世界大战(1939-1945)之后,英国的农民被鼓励生产更多的食物,这带来了集约农业。湿地被排干,灌木和树篱被移走,化肥和农药被广泛使用。所有这些做法都对环境有害。目前,首选方法是鼓励农民用可持续发展的方式来发展农业,其中包括少用化学肥料多用自然肥料,并引入某些昆虫来控制害虫数量。有些农民正进行有机耕作并且不使用任何农药。

全球化视野,本土化行动

记录一周的食品日记,在可能的情况下记录你吃的每一样食物及其产地。在一周结束时,看看你都吃了哪些食物,并试着用更多的当季当地食物来替代那些从远方运来的食物。

摆脱贫困

假设世界是个仅有 100 人的村庄,那么其中最富有的一个人拥有的财富比最穷的 57 个人的财富总和都要多。最贫穷的人通常被认为处于贫困中。贫困分成两种类型:相对贫困和绝对贫困。相对贫困是指人们无力购买奢侈品,如计算机等。虽然生活很辛苦,但不至于危及生存。绝对贫困是指生存受到威胁。处于绝对贫困中的人可能无法接受教育,无力负担像样的住宅,没有足够的食物,甚至可能没有干净的饮用水。

这个墨西哥家庭处于绝对贫困中。他们没有自来水,没有电,也买不起质量好的房屋。

关键技能

做研究

理解全球性问题

南非，西瑟若

想象一下南非开普省东部的一个小村庄西瑟若。这里没有自来水，居住在这里的400名村民只能饮用河里的脏水。因此他们会生病，但又无力负担看医生取药的费用，医疗保健同样需要付费。因为他们生病了，所以无法出去工作，无法获得任何收入，这意味着他们能买得起的食物很少，因此更难康复。孩子们上不起学，所以他们不能接受教育，这导致他们将来得不到一份待遇优厚的工作。这被称为贫困的恶性循环，并且非常难以打破。有一个办法可以避免饮用脏水，就是从当地供应商那里购买瓶装水，但是大多数人负担不起购买瓶装水的费用。

帮助西瑟若的人们

有一个可持续的解决方案。"给人们提供水"是一个已经给非洲两百万人提供了干净水的计划。感谢昂帝欧服务公司，西瑟若现在有了连接干净水供应点和村庄的管道。居民们可以用智能卡在管体式水塔买水，这样成本比购买瓶装水低40%。为了安装水管，必须挖掘壕沟并铺设管道。这些工作大部分由当地人承担，这意味着他们能赚到钱，可以送孩子去上学并购买更多食物。现在他们有机会摆脱贫困的恶性循环。

送一只山羊！

在肯尼亚，55000人通过一个完全不同的项目——非洲农业组织的"农民之友"项目脱离了贫困。登陆他们的网站 www.farmafrica.org.uk 并点击"农民之友"栏目来了解其运作。等你了解了这个项目的全部内容后，问问你的父母、监护人或老师是否愿意参与其中。也许你和你的朋友们可以决定今年不送圣诞贺卡，而将钱攒起来买一只农场动物。你的学校可以举行一个慈善筹款会，并通过"农民之友"项目来购买山羊或其他农场动物。

山羊在很多非洲国家非常重要。它们可以产奶，也可以出售，或被宰杀食用。

缩小数字鸿沟

如 果世界是个仅有 100 人的村庄,他们中的 80 个人从未听过电话的拨号音或从未使用过电脑。那些使用通讯技术的人和不使用这一技术的人之间的区别被称为数字鸿沟。一般认为那些无法使用通讯技术的人会越来越落后于使用它们的人,在更加贫困的生活中挣扎。有些人正在作出努力,以便将来解决这个问题。

关键技能

关注全球性问题

做研究

完成一份报告

保健网

在很多地方,保健员无法与其他人保持联系,也无法了解最新的治疗疾病的信息。保健网正试图缩小数字鸿沟,帮助在偏远地区工作的人与其他医疗工作者保持联系。因为卫星通信已经覆盖了最难以进入的区域,电话线就不再需要了。一名冈比亚农村的保健员可以用数码相机拍下照片来记录病人的症状。这些照片会被传送到附近的城镇,那里的医生可以帮忙诊断疾病。然后病人会得到妥善的治疗并且康复。

这名医生正通过卫星线路与一名保健员通话。新技术的应用有助于缩小数字鸿沟。

格莱珉电话

在孟加拉国，一家移动电话公司率先实施了"乡村电话"项目，通过给人们提供小额贷款购买手机，来帮助最贫穷的人谋生。杰米热姆住在距离首都达卡一个小时车程的小村庄里，她通过这个项目购买了一部手机，这是周围4个村庄3500多名居民生活中唯一的手机。杰米热姆收取少量费用让人们使用她的手机，每月可以获利约70英镑，这差不多是孟加拉国平均工资的4倍。使用电话意味着人们可以与住在城里或国外的亲人保持联系。农民可以获取当地的天气预报并查询农作物的价格。手机也可用于发送飓风预报。这类信息可以帮助人们及时地躲入安全地带。

这名非洲加纳的妇女正在使用卫星移动电话跟她的亲人聊天。移动电话可以帮助农村地区的人们与外界联系。

研究与报告

利用互联网来研究印度的数字鸿沟。印度是一个在通讯工业上迅猛发展的国家，但在有些地方比如班加罗尔，大多数村民却从未使用过电脑和手机。你可以先找到网站www.newsbbc.co.uk，然后在搜索栏中输入"digital divide India"（印度数字鸿沟）。使用你找到的信息来写一份报告，比较一下印度不同人群使用通讯技术的不同经验。

词汇表

绝对贫困：指人们缺乏基本的生活资料，如食品、住所和干净的饮用水等。

大气层：环绕着地球的混合气体。

可生物降解的：用来描述一种可以自然地分解或腐烂的物质。

出生率：每年每1000人中出生的人口数。

二氧化碳（CO_2）：空气中自然存在的一种看不见的气体。当化石燃料燃烧时，它被释放出来，它也是全球变暖的最主要原因之一。

气候：某个地区的平均天气情况。

气候变化：气候的总体变化可归因于自然原因，或人类活动造成的污染和全球变暖的影响。

死亡率：也称为过世率。是指每年每1000人中死去的人口数。

采伐森林：为建筑、耕种或使用木材而破坏森林。

流域：江河的水系所流过的地区。

生态足迹：被一个人的生活方式所影响的土地和海洋的估算面积，以"全球公顷"为测量单位。

震中：地震时，位于震源正上方的地球表面的点。

侵蚀：由风、水或冰所导致的风化物的松动。

公平贸易：确保可可种植者、棉花采摘者等产品生产者能从产品的销售中获利的一种贸易方式。

泛滥平原：河流下游特有的广阔、平坦的谷底平原，经常被河水淹没。

全球变暖：地球大气层平均温度逐渐升高的自然现象。

城市绿化带：在居民区边缘设立的受保护的公园或农田，用以阻止城市的扩张。

温室气体：地球大气层中吸收热量的气体。

防波堤：建造在海滩上的像篱笆一样的建筑，它能防止泥沙被冲走并增加海滩深度。

栖息地：通常指植物和动物成长与生活的环境。

硬工程：用来控制诸如洪水、海岸侵蚀等地理问题的建筑。

整体规划：从可持续的角度考虑事物，如一条河流，要对它进行整体的考虑，而不能仅考虑其中的某一部分。

集约农业：从有限面积的土地中产出最多的农作物或动物产品的一种农业方式。

经济不发达国家（LEDC）：大部分人生活在贫困中的国

40

家。这些国家往往以农村为主，不过他们的城市通常发展得很快。

平均寿命：一个人预期的生命长度，以年为计量单位，通常被看做一个国家总人口的平均寿命。

伐木业：将树从森林中移走并作为木材出售的行业。

经济发达国家(MEDC)：一个比经济不发达国家拥有更多人均国民财富和更发达工业的国家。

配额：某些事物被强制限定的数量，例如，在一片水域中允许捕捞的鱼的数量。

软工程：利用自然环境过程来应对洪水泛滥、海岸侵蚀等地理问题的方法。

可持续发展：既能满足当前人类对环境的需求，又能在未来继续满足这一需求的发展模式。

网页链接

www.earthsummit.info
这个网站包括很多链接，能让你找到更多关于可持续发展的内容。

www.unesco.org/water
联合国教育、科学与文化组织的"水资源页面"。

www.nilebasin.org/nilemap.htm
展示尼罗河地图的网页，它也可以链接到其他关于尼罗河的网页。

www.worldlandtrust.org
包括拯救森林等全球栖息地的活动。

www.foei.org
以其大量环保活动的最新消息为特色。

www.greenpeace.org/international
包括关于气候变化和采伐森林等内容的新闻。

www.iiees.ac.ir/english/index_e.asp
国际地震工程和地震学研究所的英文版网页。

www.overpopulation.org
有许多人口问题与人类未来之关系的信息。

父母和教师请注意：

　　出版商尽了最大的努力来确保这些网站具有最高的教育价值，不含任何不适当的或攻击性的言论，并适合孩子阅读。但由于互联网本身的特点，我们不能保证这些网站的内容不会发生变化，因此强烈建议监护人对孩子的上网行为进行监督。